LEVEL
2

사이언스 리더스

동물의
신기한 힘

안드레아 사일렌 지음 | 김아림 옮김

비룡소

안드레아 사일렌 지음 | 작가이자 편집자다. 주로 《내셔널지오그래픽》 키즈 매거진과 웹사이트에 글을 쓴다. 내셔널지오그래픽 키즈 시리즈에서 상어, 티라노사우루스, 열대 우림에 관한 글을 썼다.

김아림 옮김 | 서울대학교에서 공부하고 같은 대학원 과학사 및 과학철학 협동 과정에서 석사 학위를 받았다. 출판사에서 과학책을 만들다가 지금은 책 기획과 번역을 하고 있다.

이 책은 로빈 팔머와 메릴랜드 대학교의 독서교육학 명예 교수 마리엄 장 드레어가 감수하였습니다.

내셔널지오그래픽 키즈 사이언스 리더스
LEVEL 2 동물의 신기한 힘

1판 1쇄 찍음 2024년 12월 20일 1판 1쇄 펴냄 2025년 1월 15일
지은이 안드레아 사일렌 **옮긴이** 김아림 **펴낸이** 박상희 **편집장** 전지선 **편집** 이가윤 **디자인** 손은경
펴낸곳 (주)비룡소 **출판등록** 1994.3.17.(제16-849호) **주소** 06027 서울시 강남구 도산대로1길 62 강남출판문화센터 4층
전화 02)515-2000 **팩스** 02)515-2007 **홈페이지** www.bir.co.kr **제품명** 어린이용 반양장 도서 **제조자명** (주)비룡소
제조국명 대한민국 **사용연령** 3세 이상 ISBN 978-89-491-6913-2 74400 / ISBN 978-89-491-6900-2 74400 (세트)

사진 저작권 AL = Alamy Stock Photo; AS = Adobe Stock; SS = Shutterstock
Cover, Nicholas Bergkessel, Jr./Science Source; 1, Konstantin Novikov/SS; 2, Audrey Snider-Bell/SS; 3, ftlaudgirl/AS; 4-5, Stephen Dalton/Nature Picture Library/AL; 6-7, Nature and Science/AL; 8-9, Gudkov Andrey/SS; 9 (UP), Joel Sartore/National Geographic Image Collection; 10-11, Kevin Wells Photography/SS; 12, Anaspides Photography - Iain D. Williams/AL; 13 (LO), Armelle Llobet/Getty Images; 14 (LO), Rasmus Loeth Petersen/AL; 14 (RT), Horizon International Images Limited/AL; 15, kaschibo/SS; 16 (UP), Dale Sutton/AL; 16 (RT), Ingo Rechenberg; 16 (LO), Michael Benard/SS; 17 (UP), Audrey Snider-Bell/SS; 17 (RT), blickwinkel/AL; 17 (LO), blickwinkel/AL; 19, ftlaudgirl/AS; 20, Andrei/AS; 21 (LE), Tim Krynak; 21 (RT), Tim Krynak; 22, WaterFrame/AL; 23, Paul Souders/Getty Images; 24-25, MMCez/SS; 26-27, Hummingbird Art/AS; 27, Tim Laman/Nature Picture Library/AL; 28-29, Ken Jones/Courtesy of University of Toronto Scarborough; 30 (UP), Cathy Keifer/SS; 30 (LO CTR), Abigail Barhorst/SS; 30 (LE), Unique Photo Arts/FOAP/Getty Images; 30 (LO RT), Horizon International Images Limited/AL; 30, Anaspides Photography - Iain D. Williams/AL; 30 (LO LE), Kevin Wells Photography/SS; 31 (UP), Audrey Snider-Bell/SS; 31 (RT), EdBrown/SS; 31 (LE), pclark2/AS; 31 (LO), Dancestrokes/SS; 32 (LO RT), Tim Krynak; 32 (UP RT), Tim Laman/Nature Picture Library/AL; 32 (UP LE), Bass Supakit/SS; 32 (LE), Elana Erasmus/SS; 32 (RT), Elana Erasmus/SS; 32 (LO LE), iPiCfootage.com/SS

이 책의 차례

동물들의 신기한 힘

강력한 발차기를 뻥 날리는 새!

엄청난 거리를 풀쩍 뛰어오르는 거미!

다른 동물의 눈에 띄지 않게

꽁꽁 숨는 해마까지!

깡충거미는 점프 실력이 엄청 나! 먹잇감이 있다면 자기 몸의 몇 배나 되는 높이에서도 목표물을 향해 뛰어내리지.

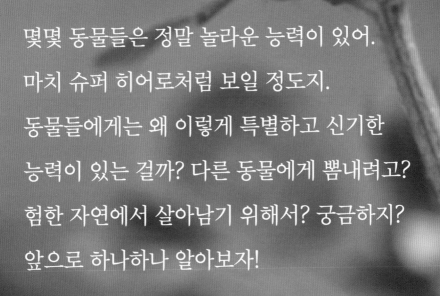

몇몇 동물들은 정말 놀라운 능력이 있어.

마치 슈퍼 히어로처럼 보일 정도지.

동물들에게는 왜 이렇게 특별하고 신기한

능력이 있는 걸까? 다른 동물에게 뽐내려고?

험한 자연에서 살아남기 위해서? 궁금하지?

앞으로 하나하나 알아보자!

놀라운 스피드를 뽐내는 동물들

몇몇 동물들은

아주 빠르게 움직여.

특히 가지뿔영양이 그래.

가지뿔영양은

1시간에

100킬로미터를

달릴 수 있어.

고속 도로를 달리는

자동차만큼이나 빠른

셈이야.

도대체 왜 이렇게 빨리 달리냐고? 호시탐탐
사냥감을 노리는 **포식자**를 재빨리 피하려고!

우아!

신기한 힘 용어 풀이

사냥감: 포식자가 사냥해서 먹으려는 대상.

포식자: 다른 동물을 사냥해서 잡아먹는 동물.

가지뿔영양처럼 빠르게 달리지는 못해도
사냥할 때만큼은 누구보다 빠른 동물이 있어.
바로 카멜레온이야.
카멜레온은 평소에 둥글게 말려 있는 긴 혀를
뻗어서 맛 좋은 곤충을 잡아. 사냥감이
달아나기 전 1초 안에 휙 낚아채지.

카멜레온이 혀를 쭉 뻗었을 때 혀의 길이는
자기 몸길이의 두 배나 돼.

브라질큰귀박쥐는 주로 나방,
파리 같은 곤충을 잡아먹어.

브라질큰귀박쥐도
사냥할 때 엄청난 속도를
자랑해. 먹잇감을 발견하면
로켓처럼 공중으로 빠르게
솟구쳐 오르지. 속도가 무려 시속 160
킬로미터나 된다니까! 야구 경기에서
투수들이 아주아주 빠르게 던지는 공이랑
속도가 비슷해.

힘이 엄청나게 센 동물들

잎꾼개미들이 자기 몸집보다 훨씬 큰 나뭇잎을 나르고 있어. 잎꾼개미는 나뭇잎으로 집을 짓거든.

덩치가 크고 근육이 많은 동물만 힘이 센 건 아니야. 작고 날씬해도 힘이 아주 센 동물이 있어. 잎꾼개미가 바로 그렇지.

잎꾼개미 한 마리는 자기 몸무게보다 거의
50배는 무거운 나뭇잎을 날라. 사람으로
치면 작은 트럭 한 대를 드는 셈이야!

해달은 날마다 자기 몸무게의 약 4분의 1이나 되는 먹이를 먹어 치워.

와그작! 해달은 턱 힘이 대단해. 사람보다 두 배는 더 강하지. 해달은 강한 턱으로 단단한 조개껍데기를 깨서 알맹이를 냠냠 꺼내 먹어.

발차기의 왕 뱀잡이수리도 소개할게. 뱀잡이수리는 이름처럼 뱀을 잡아먹어. 어떻게 잡아먹게? 사냥감을 발견하면 발로 뻥 걷어차 버리는 거야. 그 힘이 얼마나 센지 뱀이 한 방에 죽어 버리기도 한대!

뱀잡이수리가 뱀을 향해 강력한
발차기를 날리려고 해.

꽁꽁 숨기 대장들!

이 동물들은 찾기 쉽지 않을걸! **위장**을 해서
몸을 숨기는 특별한 능력이 있거든.
갑오징어는 몸의 색깔을 여러 가지로 바꿀
수 있어. 바위 근처에 있으면 회색으로, 해초
옆에서는 초록색으로 몸
색깔을 바꾸지.

갑오징어가 주변과 비슷하게 몸 색깔을
바꾸었어. 적에게 들키지 않기 위해서야.

산호에 사는 느긋한 헤엄꾼 피그미해마도 독특한 위장법이 있어. 바로 몸에 난 작은 돌기들이 비결이야. 피그미해마의 돌기들은 산호와 색과 모양이 비슷해. 그래서 산호 속에 있으면 쉽게 적의 눈에 띄지 않아.

이 사진에서 피그미해마를 찾아봐!

우아!

신기한 힘 용어 풀이

위장: 정체를 숨기기 위해 모습을 꾸미는 일.

6 가지 놀라운
거미의 기술들

1

깡충거미는 자기 몸의
50배나 되는 거리를
펄쩍 뛰어!
사람으로 치면 축구장
한쪽 끝에서 반대쪽 끝까지
한 번에 점프하는 것과 같아.

2

닷거미류 가운데 상당수는
물 위를 걸을 수 있어.

3

모로코에 사는
공중제비거미는
누가 자기를 위협하면
공중제비를 돌면서 달아나.

4

몇몇 타란툴라는
**날카로운 다리털을
적에게 던져.**

5

물거미는
물속에
**공기 방울
집을 짓고**
그 안에서 살아.

6

어떤 깡충거미는
**개미의 생김새와 행동을
똑같이 흉내 내.
포식자**를 속이기 위해서야.

동물들의 화려한 변신

이번엔 별난 모습으로 변신하는
동물들을 만나 보자!

복어는 배가 잘 늘어나. 위험하다
느껴지면 물을 꿀꺽꿀꺽 삼켜서
배를 잔뜩 부풀려. 그리고 온몸의
가시까지 빳빳이 세워.
꼭 밤송이처럼 보이지.
그러면 적들은 변신한 복어를
감히 잡아먹을 엄두도 내지 못해.

복어는 크기가 다양해. 길이가 3센티미터 정도인 작은 복어도 있고, 물놀이용 공만큼 큰 복어도 있어.

태평양대왕문어는 먹이를 구할 수만
있다면 좁은 틈에 몸을 욱여넣어.

태평양대왕문어는 몸집이 어마어마하게 커.
몸길이가 자동차보다도 길지. 하지만 몸에
뼈가 없고 아주 유연해서 사과 크기만 한
구멍에도 들어갈 수 있어!

세상에, 비개구리는 피부의 **질감**을 바꿀 수 있대. 매끄러운 피부를 가시 돋힌 까칠한 피부로 바꾸는 거야. 물론 다시 원래대로 되돌릴 수도 있지. 왜 이렇게 하냐고? 주변과 비슷하게 위장해서 적의 눈에 띄지 않으려고!

매끄러울 때

까칠할 때

신기한 힘 용어 풀이

우아!

질감: 손이나 눈으로 느껴지는 물체 겉면의 성질.

독특한 무기를 가진 동물들

어떤 동물들은 당장이라도 싸울 준비가
되어 있어! 가는손부채게는 언제나 양쪽
집게발에 독이 있는 말미잘을 꽉 잡고 다녀.
그러다가 적이 다가오면 말미잘을 흔들어서
쫓아내.

가는손부채게는 복서게라고도 불려. 말미잘을
든 발이 복싱 글러브를 낀 것처럼 생겨서 그래.

갈기산미치광이의 가시는 길이가 약 50센티미터나 돼.

갈기산미치광이는 온몸이 바늘처럼 뾰족한 가시와 딱딱한 털로 덮여 있어. 적이 다가오면 가시들을 바짝 세우고는 적의 뒤로 다가가 몸을 푹 찔러. 아야야!

아주 예민한 감각

꿀벌은 보송보송 털이 난 뒷다리에 꽃가루 덩어리를 묻혀서 벌집으로 가져가.

어떤 동물들은 **감각**이 무척 예민해. 꿀벌은 폭풍우가 오기 전에 미리 알 수 있어. 공기 중의 아주 작은 변화로 곧 비가 온다는 사실을 느낄 수 있거든.

그래서 꿀벌은 폭풍우가 닥치기 전에 자기들이 먹을 꽃꿀을 넉넉히 모아. 그러면 비가 거세게 올 때 먹이를 찾으러 나가지 않아도 되니까 말이야.

신기한 힘 용어 풀이

감각: 눈, 코, 귀, 혀, 피부를 통해 바깥의 어떤 자극을 알아차리는 것.

큰회색올빼미는 공중을 날면서
생쥐나 다람쥐 같은 설치류를 사냥해!

야행성인 동물들은 어두운 밤에 어떻게 잘
움직이는 걸까? 큰회색올빼미는 귀가 아주
밝아. 하늘을 날다가도 눈 속으로 기어드는
사냥감의 소리를 들을 수 있을 정도야.

말레이시아안경원숭이는 몸길이가 약 15센티미터밖에 안 돼. 엄청 작지?

말레이시아안경원숭이는 눈이 엄청나게 커!

커다란 눈으로 칠흑처럼 깜깜한 곳에서도

앞을 잘 보지.

신기한 힘 용어 풀이

우아!

야행성: 낮에 쉬고 밤에 움직이는 동물의 습성.

사람들을 도와줘!

동물의 신기한 능력은 사람에게 도움이 되기도 해. 예를 하나 들어 볼게. 오르미아파리는 소리를 아주 잘 들어. 소리가 나는 곳을 매우 정확히 알아내지. 과학자들은 오르미아파리가 잘 듣는 비결이 궁금해서 귀가 어떤 구조로 이루어졌는지 연구했어. 그리고 연구한 내용을 바탕으로 더 좋은 **보청기**를 만들었단다.

우아!

신기한 힘 용어 풀이

보청기: 소리가 잘 들리지 않는 사람에게 도움을 주는 기구.

과학자들은 오르미아파리가 시끄러운 곳에서도 특정한 소리를 어떻게 잘 골라서 듣는지 여전히 연구하고 있어.

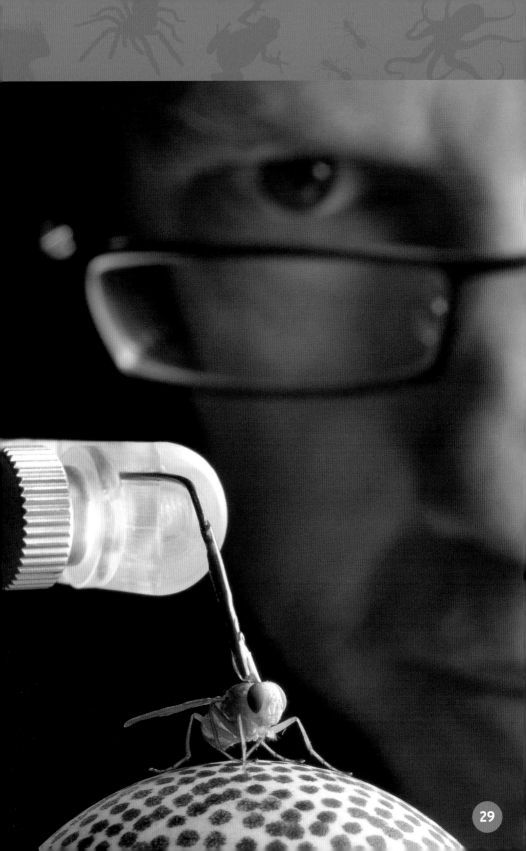

도전! 동물 박사

이 책을 읽고 동물의 신기한 힘에 대해 얼마나 알게 되었어? 아래 퀴즈를 풀면서 확인해 봐! 정답은 31쪽 아래에 있어.

1 카멜레온이 사냥감인 곤충을 잡는 데 걸리는 시간은?

A. 1초 미만
B. 5초
C. 10초
D. 1분

2 뱀잡이수리는 사냥감을 어떻게 공격할까?

A. 콱 문다.
B. 박치기한다.
C. 발로 찬다.
D. 답 없음.

3 다음 중 자기 몸무게의 50배나 되는 짐을 옮기는 동물은?

A. 닷거미
B. 갑오징어
C. 해달
D. 잎꾼개미

4 타란툴라는 적에게 무엇을 던질까?

A. 가시
B. 거미줄
C. 다리털
D. 개미

5 피그미해마는 왜 몸에
울퉁불퉁한 혹이 생길까?

A. 산호와 비슷하게 보이려고
B. 사냥감을 꾀려고
C. 짝짓기 상대에게 뽐내려고
D. 적을 겁주려고

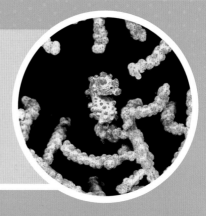

6 위협을 받으면 복어는 어떻게 몸을 부풀릴까?

A. 물을 마셔서
B. 공기를 빨아들여서
C. 큼직한 먹이를 삼켜서
D. 답 없음.

7 곧 비가 온다는 것을 느낀 꿀벌이 하는 일은?

A. 아주 크게 윙윙거린다.
B. 먹이를 잔뜩 모아 둔다.
C. 원을 그리며 날아다닌다.
D. 벌집을 청소한다.

정답: ①A, ②C, ③D, ④C, ⑤A, ⑥A, ⑦B

위장
정체를 숨기기 위해 모습을 꾸미는 일.

야행성
낮에 쉬고 밤에 움직이는 동물의 습성.

이 용어는 꼭 기억해!

포식자
다른 동물을 사냥해서 잡아먹는 동물.

사냥감
포식자가 사냥해서 먹으려는 대상.

감각
눈, 코, 귀, 혀, 피부를 통해 바깥의 어떤 자극을 알아차리는 것.

질감
손이나 눈으로 느껴지는 물체 겉면의 성질.